ERKENNTNIS UND BEKENNTNIS

HEFT 3

HEINRICH SIEDENTOPF

DIE PHYSIKALISCHE ERFORSCHUNG DES WELTALLS

Springer Fachmedien Wiesbaden GmbH

ISBN 978-3-322-98353-4   ISBN 978-3-322-99090-7 (eBook)

DOI 10.1007/978-3-322-99090-7

Copyright 1949 by Springer Fachmedien Wiesbaden

Ursprünglich erschienen bei Westdeuttscher Verlag Köln und Opladen 1949.

Einbandentwurf A. Reuter

Die Beschäftigung mit dem gestirnten Himmel hat in allen menschlichen Kulturen eine große Rolle gespielt und zur Entwicklung der auf die Naturerkenntnis gerichteten wissenschaftlichen Betrachtungsweisen wesentlich beigetragen. Zum vollen Verständnis der himmlischen Vorgänge war aber die Kenntnis der physikalischen Grundgesetze erforderlich. Die *klassische Astronomie*, die ihren Ausgang nahm von den dem unbewaffneten Auge zugänglichen Erscheinungen am Himmelsgewölbe, der Himmelsdrehung, dem Sonnenlauf und den verschlungenen Bahnen der Planeten, fand trotz der bewundernswerten Leistungen der griechischen, hellenistischen und arabischen Sternkundigen ihren Abschluß erst in den Händen von *Kepler* und *Newton*, nachdem die Grundgesetze der Dynamik aus Laboratoriumsbeobachtungen gefunden waren. Als *Kepler* seinem großen Werk über die Planetenbewegungen den Titel gab: Neue Astronomie oder Physik des Himmels, wollte er damit zum Ausdruck bringen, daß die damals vorliegenden physikalischen Erfahrungen auch in der Welt der Planeten Gültigkeit haben, daß also die Bewegungen der Himmelskörper den gleichen Gesetzmäßigkeiten gehorchen wie die mechanischen Vorgänge auf der Erde. Bei *Newton* fand dieser Gedanke seine Vollendung und ergab den ersten großen Erfolg in der Anwendung physikalischer Gesetze auf das Weltall. Da bei den Planetenbewegungen die Reibungseinflüsse wegfallen, die bei irdischen Versuchen immer störend sind, hat sich jene eindrucksvolle Genauigkeit in der Vorhersage von Finsternissen, Planetenörtern usw. erreichen lassen, die z. B. das Auffinden neuer Himmelskörper wie Neptun und Pluto aus den beobachteten Bahnstörungen ermöglichte und der Himmelsmechanik das große Ansehen gab, das sie zum Vorbild für viele Gebiete der exakten Naturwissenschaften werden ließ.

Durch die mit der Anwendung des Fernrohrs verbundene Erweiterung des Weltbildes trat die Planetenastronomie gegenüber der Fixsternastronomie in den Hintergrund, und das abgeschlossene Lehrgebäude der klassischen Himmelsmechanik ist heute kaum noch Gegenstand der Forschung. Seit der Mitte des vorigen Jahrhunderts, d. h. seit den ersten spektroskopischen und photometrischen Beobachtungen hat sich eine Zweiteilung in den Problemstellungen und Methoden der Astronomie herausgebildet. Die *Stellarastronomie* untersucht die räumliche Verteilung und die Bewegungen der Materie im Weltall und benutzt dabei vornehmlich astrometrische Methoden, d. h. Messungen der Richtungen und der Richtungsänderungen der von den Sternen kommenden Strahlung. Die *Astrophysik* geht von Messungen der Intensität und der spektralen Verteilung der aus dem Weltall einfallenden Strahlungen aus, von den Wellenlängen und Konturen der Spektrallinien kosmischer Lichtquellen und von den zeitlichen Schwankungen dieser Größen. Ihr Arbeitsgebiet läßt sich in drei Problemkreise gliedern:

1. die Erforschung der Einzelsterne, wozu die besonders in neuester Zeit stark in den Vordergrund getretene Sonnenphysik gehört,
2. die Erforschung der interstellaren Materie,
3. die Erforschung der raumzeitlichen Struktur des Weltalls im ganzen.

Das letztgenannte *kosmologische Problem* steht in engem Zusammenhang mit der Frage nach der Entwicklung und dem Alter des Weltalls und bedarf zu seiner Lösung auch der stellarastronomischen Ergebnisse über den räumlichen und kinematischen Aufbau der Welt, die daher im folgenden ebenfalls kurz dargestellt werden sollen. Jedes der drei genannten Gebiete wird von der Seite der Beobachtung und von der Seite der Theorie her bearbeitet, wobei die Theorie oft eine weitgehende Extrapolation physikalischer Gesetze vornehmen muß und dabei über deren Geltungsbereich wichtige Aufschlüsse geben kann. Alle wesentlichen Fortschritte in der physikalischen Erkenntnis haben zu Lösung bestimmter astrophysikalischer Probleme geführt, die vorher keine rechte Angriffsmöglichkeit boten. Aber auch umgekehrt haben die speziellen Fragestellungen der Astrophysik dem Physiker oft wichtige Anregungen und Hinweise gegeben, denn im Weltall kommt die Materie unter Bedingungen vor — extrem hohe Temperaturen und Drucke im Sterninnern, extreme Verdünnungen in Sternatmosphären und im interstellaren Raum —, die sich im Laboratorium nicht verwirklichen lassen.

Wie in den anderen physikalischen Wissenschaften, so hat sich auch in der Astrophysik die Vertiefung der Erkenntnis im steten Wechsel von *Beobachtung und Theorie* vollzogen. Auf die Sammlung des Beobachtungsmaterials folgt die theoretische Deutung, die die Fülle der Einzelerscheinungen ordnet und auf einfache Gesetzmäßigkeiten zurückführt. Dann kommen neue Entdeckungen, die aus dem Rahmen der bisher bekannten Gesetze fallen und erst einer neuen Theorie höherer Stufe eingegliedert werden können. So steht manchmal die Theorie, manchmal die Beobachtungstätigkeit mehr im Vordergrund des Interesses, je nachdem die unerklärten Erscheinungen überwiegen oder die Theorie gerade ein abgeschlossenes Bild eines Erscheinungskomplexes gegeben hat. Die gegenwärtige Lage der Astrophysik ist dadurch gekennzeichnet, daß eine Fülle von Beobachtungstatsachen, die uns der rasche Fortschritt der astronomischen Beobachtungskunst in den letzten Jahrzehnten beschert hat, auf ihre Einfügung in ein einheitliches Weltbild wartet, so daß das Schwergewicht zur Zeit mehr bei der theoretischen Forschung liegt. Dabei stehen wir an verschiedenen Stellen bereits nahe den Grenzen der Erkenntnismöglichkeit. Verschiedene Anzeichen deuten darauf hin, daß in der Physik der beliebig großen Räume und Zeiten Verhältnisse vorliegen, die mit den geläufigen Vorstellungen der makroskopischen Physik nicht beherrscht werden können, weil sie ihre eigene Gesetzlichkeit haben. Es liegt eine gewisse Analogie zu den Verhältnissen in der Mikrophysik der Elementarteilchen, der Kerne und Atome vor, wo ebenfalls die Gesetze und Denkgewohnheiten der klassischen Physik versagen. In der Weltraumphysik ist es aber bisher noch nicht gelungen, die Situation gedanklich und mathematisch so klar zu erfassen, wie es in der Mikrophysik durch die *Heisenbergsche* Ungenauigkeitsrelation und die Wellenmechanik möglich war. So ist man in der Astronomie in einer zwiespältigen Lage; einerseits wird noch angestrebt, möglichst viele Erscheinungen auf die klassischen Naturgesetze zurückzuführen, andererseits sind bereits Versuche im Gange, durch ganz neuartige Vorstellungen alle bisher nicht recht deutbaren Erscheinungen in ein einheitliches Schema einzuordnen und damit eine Weltraumphysik eigener Prägung zu schaffen. In dieser Situation ist es von besonderem Interesse, sich darüber klarzuwerden, bis wieweit der gesicherte Bestand unseres Wissens jetzt reicht und wo das Spiel der reinen Spekulation beginnt.

Zur Methodik astrophysikalischer Forschung. Eine grundsätzliche Schwierigkeit für die Astrophysik liegt darin, daß sich im Weltall mit wenigen Ausnahmen nur unveränderliche Zustände beobachten lassen. Während der Physiker im Experiment das Verhalten der Materie unter selbstgewählten Bedingungen verfolgen kann, hat der Astrophysiker keine Möglichkeit, auf die Objekte seiner Forschung Einfluß zu nehmen. Daher spielt die Beobachtung der Veränderlichen und der Neuen Sterne sowie der Sonnenoberfläche eine wichtige Rolle, da man hierbei den Ablauf von Versuchen verfolgen kann, die die Natur von sich aus mit der Sternmaterie durchführt. Jede Messung einer Sternhelligkeit, einer Wellenlänge oder einer Linienintensität in einem Sternspektrum kann als das Ergebnis eines Experiments aufgefaßt werden, das die Natur nur einmal darbietet und das sich in dieser Form nicht wiederholt. Die Sammlung, Sichtung und übersichtliche Veröffentlichung des Beobachtungsmaterials ist daher von größerer Wichtigkeit als in der Laboratoriumsphysik, wo sich Versuche wiederholen lassen. Während hier dem einzelnen Versuchsergebnis nach Abschluß einer Untersuchung keine besondere Bedeutung mehr zukommt, bleibt in der Astronomie fast jede einzelne Beobachtung von Interesse und gewinnt oft um so mehr an Wert, je weiter sie zeitlich zurückliegt. Die Plattenarchive der großen Sternwarten sind daher wertvolle Sammlungen von Beobachtungstatsachen, aus denen noch viele Ergebnisse abgeleitet werden können. Die Einmaligkeit der Beobachtungsmöglichkeit ist besonders bei veränderlichen Sternen und bei sonnenphysikalischen Aufgaben entscheidend, wo es sich hauptsächlich um die Zeitabhängigkeit der Meßwerte handelt. Einzelbeobachtungen und Beobachtungsreihen werden an Zentralstellen gesammelt, einheitlich bearbeitet und durch laufende Veröffentlichung zur allgemeinen Kenntnis gebracht. Die Wetterstörungen machten es erforderlich, dazu eine die ganze Erde umspannende Organisation aufzubauen und Sternwarten aller Länder zur Zusammenarbeit heranzuziehen. Auch bei den Nachbarwissenschaften hat sich der Wert langjähriger Beobachtungsreihen gezeigt, die durch internationale Zusammenarbeit entstanden sind. So ist es für die Sonnenphysik äußerst wertvoll, daß auf Veranlassung von *Gauß* seit über einem Jahrhundert die erdmagnetischen Variationen an verschiedenen Observatorien laufend beobachtet sind, obwohl man damals noch nicht wußte oder auch nur vermuten konnte, daß die Schwankungen des Erdmagnetfeldes von der Sonne bewirkt werden und daß sich aus ihnen weitgehende Schlüsse auf die unsichtbaren Strahlungen der Sonne ziehen lassen.

Die Zahl der zu untersuchenden Objekte kann bei astronomischen Untersuchungen außerordentlich groß sein. Das Milchstraßensystem, das unsere weitere kosmische Heimat darstellt, enthält rund 100 Milliarden Sterne, und in dem unseren Instrumenten bis jetzt zugänglichen Teil des Weltalls sind etwa 100 Millionen Sternsysteme gleicher oder ähnlicher Art vorhanden. Bei der Durchführung von Stichprobenerhebungen kommt man daher immer zu erheblichen Anzahlen von Beobachtungswerten. Zur Bewältigung dieser Aufgabe hat man ein besonderes Verfahren ausgebildet, das für viele astronomische Messungen charakteristisch ist. Wir bezeichnen es als die *Methode von „System" und „Anschluß"*. Die Meßaufgabe wird in zwei Schritten gelöst: zunächst wird für eine begrenzte Zahl von Objekten die zu untersuchende Eigenschaft mit größtmöglicher Genauigkeit bestimmt, wobei irdische Normalen zum Vergleich herangezogen werden. Diese Sterne bilden das System. Im Anschluß an die Systemsterne wird dann die gesuchte Eigenschaft für die große Masse der Objekte gefunden. Dieser zweite Schritt ist der leichtere Teil der Aufgabe, da es sich um Relativmessungen handelt, bei denen nur Sterne mit Sternen zu vergleichen sind. Das System stellt gewissermaßen einen Maßstab am Himmel dar, dessen Teilstriche durch die Systemsterne gegeben sind. Betrachten wir als Beispiel die Integralhelligkeiten der Sterne in einem bestimmten Spektralbereich, so dient als Größenklassensystem eine Folge von Sternen in der Umgebung des Himmelsnordpols. Die Sterne dieser „Polsequenz" reichen vom Polarstern bis zu den schwächsten photographisch nachweisbaren und überdecken einen Bereich von fast 20 Größenklassen oder ein Intensitätsverhältnis $10^8 : 1$. Es ist eine äußerst schwierige Aufgabe, die „Skala' dieses Systems, d. h. das Intensitätsverhältnis zweier aufeinanderfolgender Größenklassen über den ganzen Bereich auf dem vereinbarten Wert $2.512 : 1$ zu halten und damit die Aequidistanz der Skalenstriche unseres „Maßstabs am Himmel" zu garantieren.

Neben Zeitreihen und Stichprobenerhebungen sind für die Astrophysik sorgfältige Einzeluntersuchungen bestimmter ausgewählter Objekte von größter Bedeutung, wobei vor allem spektralanalytische Verfahren, Messungen der Linienintensitäten und der Konturen von Spektrallinien angewandt werden. Daher ist die Beobachtung der Sonne in den letzten Jahren immer mehr in den Vordergrund getreten, so daß sich ein eigenes Forschungsgebiet der Sonnenphysik herausgebildet hat. Infolge der großen Intensität der Sonnenstrahlung, die um mehr als 10 Zehnerpotenzen größer ist als die des hellsten Fixsterns, kann man wesentlich verfeinerte Forschungsmethoden benutzen.

Der Einfluß der Erdatmosphäre. Eine technische Erschwerung für die astrophysikalischen Beobachtungen und Messungen bedeuten die Lichtschwäche der meisten Objekte und die durch die Erdatmosphäre gesetzten Schranken. Die Erdatmosphäre wirkt durch die *Absorption der Strahlung,* durch die *Luftunruhe* und durch die *endliche Helligkeit des Nachthimmelsuntergrundes* auf die Beobachtungsmöglichkeiten ein. Nur in verhältnismäßig engen Wellenlängenbereichen — von 0.3 bis 0.8 μ, in Teilgebieten zwischen 0.8 und 15 μ und zwischen einigen mm und einigen Meter Wellenlänge ist die Atmosphäre für Strahlung durchlässig. Strahlungen in anderen

Wellenlängenbereichen, besonders im Ultraviolett, und Korpuskularstrahlen können nur indirekt durch die von ihnen in den höchsten Schichten der Erdatmosphäre hervorgebrachten Wirkungen nachgewiesen werden. Die Vorgänge in den äußersten atmosphärischen Schichten, die Ionosphäre und ihre Störungen, die Nordlichter, das Nachthimmelsleuchten und die erdmagnetischen Schwankungen haben daher für die Astrophysik größtes Interesse. Die Absorption im kurzwelligen Spektralgebiet wird durch die Dissoziationsbanden der Sauerstoff- und Ozonmoleküle und die Ionisationsbanden von Sauerstoff und Stickstoff hervorgerufen. Die Absorptionskoeffizienten sind außerordentlich hoch, bereits Schichtdicken von $^1/_{10}$ mm unter Atmosphärendruck sind fast undurchlässig. Das Ozon, dessen Absorptionsgebiet zwischen 2000 und 3000 AE[1] liegt, findet sich in Höhen um 25 km angereichert. Wenn es gelingt, Spektrographen in Höhen über 50 km zu bringen, wo keine nennenswerte Ozonabsorption mehr zu erwarten ist, so wird man das Sonnenspektrum bis 2000 AE photographieren können. Um bis 1000 AE vorzudringen, wären Aufstiege in Höhen von 120—150 km erforderlich, wo der atmosphärische Sauerstoff vermutlich vollkommen zu Atomen dissoziiert ist, und um Absorptionseinflüsse praktisch ganz auszuschalten, müßte man in Höhen über 250 km gelangen. Versuche in dieser Richtung mit Hilfe von V2-Raketen, die während des Krieges in Deutschland bereits vorbereitet waren, werden zur Zeit in Amerika durchgeführt. Es ist zu erwarten, daß solche Aufstiege, die uns von der Behinderung durch die Atmosphäre weitgehend freimachen, wertvolle astrophysikalische Ergebnisse bringen werden. Im photographischen und sichtbaren Spektralbereich werden Lichtstrahlen durch die Lichtzerstreuung an den Luftmolekülen und den Teilchen des atmosphärischen Dunstes geschwächt. Die Streuung an den Molekülen erfolgt nach dem Rayleigh'schen Gesetz umgekehrt proportional der vierten Potenz der Wellenlänge λ, die Streuung am Dunst, der in der Hauptsache aus Wassertröpfchen zwischen 0.1 und 0.5 μ Radius mit einem kleinen Zusatz von Staubpartikeln besteht, etwa proportional $\lambda^{-1.3}$. Der Anteil der Rayleighschen Streuung an der Zenitextinktion, d. h. der Lichtschwächung eines die Atmosphäre senkrecht durchsetzenden Strahls, beträgt bei 5500 AE 0.1 Größenklasse, der Dunstanteil ist mit der Wetterlage veränderlich und schwankt in normalen Beobachtungsnächten im mitteleuropäischen Klima zwischen etwa 0.2 und 0.4 Größenklassen. Der variable Dunstgehalt bedeutet eine Erschwerung in der Reduktion der Helligkeits-Messungen von

---

[1] AE = Angström-Einheit = 10^{-8} cm.

Sternen und zwingt zu besonderen Vorsichtsmaßnahmen bei der Anlage von photometrischen Beobachtungen. Für absolute Strahlungsmessungen ist es zweckmäßig, auf Bergstationen oberhalb der mittleren Dunstgrenze zu beobachten. Diese liegt im Winter einige hundert Meter hoch, im Sommer zwischen etwa 2 und 4 km Höhe. Höhenobservatorien haben sich auch für die Verfolgung der Erscheinungen am Sonnenrand sehr bewährt, da in der Höhe der vom Dunst herrührende Hauptanteil des atmosphärischen Streulichts in der Sonnenumgebung in Fortfall kommt.

Infolge der turbulenten Luftbewegung und der stets vorhandenen kleinen Temperaturunterschiede ist die Atmosphäre von Luftschlieren erfüllt, die ständige Richtungs- und Intensitätsschwankungen von Lichtstrahlen bewirken, welche die Atmosphäre durchsetzen. So entsteht die Scintillation, das „Funkeln" der Sterne. Man erkennt die Schlieren am besten, wenn das von einem entfernten Scheinwerfer kommende Lichtbündel auf eine weiße Fläche fällt; auch bei Sonnenfinsternissen können sie kurz vor und nach der Totalität als „fliegende Schatten" unmittelbar wahrgenommen werden. Die durch die Luftunruhe entstehenden Richtungsschwankungen, die bei Nacht zwischen etwa $\pm$ 0.5 und $\pm$ 2 Bogensekunden liegen und bei Tage noch höhere Werte annehmen können, stellen eine wesentliche Genauigkeitsschranke für astronomische Beobachtungen dar, z. B. wird die Strahlenvereinigung und damit das Auflösungsvermögen bei photographischen Aufnahmen der Sonne, von Sternen, Planetenoberflächen oder Nebelflecken auf etwa 1 Bogensekunde begrenzt.

Der Untergrund des Nachthimmels, auf dem die Beobachtung der astronomischen Objekte erfolgt, ist nicht völlig dunkel, sondern hat eine endliche Flächenhelligkeit von im Mittel $0.6 \cdot 10^{-3}$ Apostilb. Das entspricht pro Quadratbogensekunde der Helligkeit eines Sternes der Größe .22^m. Etwa 30 % des Nachthimmellichts stammt aus dem Sternsystem, das Licht der sichtbaren und unsichtbaren Sterne, der Spiralnebel und der diffusen Materie im Milchstraßensystem. Knapp 10% liefert das Sonnensystem durch die Planeten und das Zodiakallicht. Der Rest von über 60% entstammt der Erdatmosphäre selber: Wiedervereinigungsleuchten der durch die Sonnenstrahlung bei Tage ionisierten Moleküle der hohen Atmosphäre, das Leuchten der Meteore und Mikrometeore und das Streulicht aller genannten Lichtquellen, das hauptsächlich im Dunst der unteren Atmosphäre entsteht. Das „Erdlicht", die Strahlung der hohen Atmosphäre ist variabel entsprechend der einfallenden Wellen- und Korpuskularstrahlung, so daß die Leuchtdichte des Nachthimmels zwischen etwa $0.2 \cdot 10^{-3}$ und

1.0 10^{-3} Apostilb variiert und in „hellen" Nächten bei besonderen Störungen noch erheblich höhere Werte erreichen kann. Auf dem Untergrund endlicher Leuchtdichte können astronomische Objekte nur bis zu solchen Flächenhelligkeiten nachgewiesen werden, die mit der des Untergrundes vergleichbar sind. Bei Sternen, deren an sich punktförmige Bilder infolge der Scintillation und der Beugung an der Oeffnungsblende zu kleinen Flächen von mindestens 1 Quadratbogensekunde verschmiert werden, liegt die Grenze etwa bei der 24ten Größenklasse. Eine Vergrößerung der Beobachtungsinstrumente, die technisch vielleicht noch möglich wäre, und eine Verlängerung der Belichtungszeiten über eine gewisse Grenze sind daher nicht zweckmäßig; wegen der Luftunruhe und des Nachthimmelslichts wird kein Gewinn an Helligkeit und Auflösungsvermögen mehr erzielt. Es dürfte sich also kaum empfehlen, den 5-m-Spiegel vom Mt.Palomar noch wesentlich übertreffen zu wollen, der nach seiner Vollendung das größte astronomische Beobachtungsinstrument ist.

Beobachtungsinstrumente. Der wichtigste Bestandteil der Beobachtungsinstrumente ist das optische System, das die einfallende Strahlung der Himmelskörper sammelt und auf einen Strahlungsempfänger vereinigt. Die Lichtschwäche der meisten astronomischen Objekte bedingt dabei einen erheblichen optischen Aufwand. Handelt es sich um die Beobachtung von Einzelobjekten, wie es in der Astrophysik meistens der Fall ist, so werden als Lichtsammler vorwiegend Parabolspiegel mit Oeffnungen von 1 m und darüber benutzt, die den zu untersuchenden Himmelskörper auf den Strahlungsempfänger (Auge, photographische Schicht, Photozelle, Thermoelement) oder den Spalt eines Spektrographen abbilden. Bei der Untersuchung von ausgedehnteren Objekten, Nebeln oder Sternfeldern, bei denen ein Gebiet von mehreren Quadratgrad abgebildet werden muß, dienen als optische Systeme entweder 3—5linsige Objektive oder neuerdings vor allem komafreie Spiegelsysteme, die auf eine Erfindung des Hamburger Optikers *Bernhard Schmidt* (1931) zurückgehen und großes Gesichtsfeld mit bester Strahlenvereinigung und hoher Lichtstärke verbinden.
Damit die Lichtstärke großer Spiegel oder Linsensysteme voll ausgenutzt werden kann, muß die Montierung des Instruments mit größter Präzision gearbeitet sein, so daß der zur Kompensation der Erddrehung erforderliche Bewegungsmechanismus eine exakte Nachführung auf das zu beobachtende Objekt gestattet. Es handelt sich daher bei den großen Instrumenten um Grenzleistungen nicht nur der Optik, sondern auch der Feinmechanik. Die

beweglichen Massen wiegen viele Tonnen (beim Mt.Palomar-Spiegel etwa 450 Tonnen) — und an die Genauigkeit der Lager für das Achsensystem werden fast die gleichen Forderungen gestellt wie an eine optische Fläche. Ein komplizierter Entlastungsmechanismus ist erforderlich, um die Lagerdrucke gering zu halten und eine Durchbiegung der Achsen, des Spiegels und des Rohres zu verhüten. Es ist daher verständlich, daß der Bau großer. Instrumente sowohl zeitraubend als auch kostspielig ist. Infolge der mit der Größe des Instruments wachsenden Schwierigkeiten steigen die Kosten mit einer hohen Potenz der Oeffnung. Die Kosten für ein 1-m-Teleskop lassen sich auf 150 000 Mark veranschlagen, für den Bau des Mt.Palomar-Instruments waren 6 Millionen Dollar bereitgestellt.

Wenn auch mit kleineren Instrumenten noch viele wertvolle Erkenntnisse gewonnen werden können, so sind doch grundlegende Fortschritte an die Anwendung größter Spiegel gebunden. Die führende Stellung, die die amerikanische Astronomie seit einer Generation in der Erweiterung unseres astronomischen Weltbildes einnimmt, beruht wesentlich auf ihrem Privileg, mit den jeweils größten Spiegeln arbeiten zu können.

Für Sonnenbeobachtungen wählt man im allgemeinen einen anderen Aufbau der Instrumente als für Sternbeobachtungen. Da eine große Strahlungsintensität zur Verfügung steht, kann man mit großen spektroskopischen Apparaturen arbeiten. Diese erfordern aber eine ortsfeste Aufstellung in einem temperaturkonstanten Raum. Das Sonnenlicht fällt über einen Coelostaten, ein System von 2 Planspiegeln, von denen der erste zur Kompensation der Erddrehung von einem Uhrwerk angetrieben wird, auf ein festliegendes langbrennweitiges Linsen- oder Spiegelsystem, welches ein Bild der Sonne auf dem Eintrittsspalt des Spektroskops oder dem benutzten Strahlungsempfänger entwirft. Es hat sich als zweckmäßig erwiesen, die optische Achse des abbildenden Systems senkrecht zu nehmen und den Coelostaten auf einem Turm aufzustellen. Solche „Turmteleskope" wurden zuerst auf der Mt.Wilson-Sternwarte errichtet; in Deutschland befinden sich Turmteleskope in Potsdam (Einsteinturm), Göttingen und Freiburg. Der Vorteil dieser Anordnung liegt u. a. darin, daß das Sonnenlicht oberhalb der bodennahen Störungsschicht aufgefangen wird und daher weniger dem Einfluß der vom erwärmten Boden aufsteigenden Luftschlieren ausgesetzt ist.

Physik des Einzelsterns. Vermutlich findet sich etwa die Hälfte der Materie des Weltalls in den Sternen kondensiert, und der Einzelstern ist lange Zeit Hauptgegenstand der astrophysikalischen Forschung geblieben. Die Beob-

achtung der Einzelsterne verfolgt zunächst das Ziel, von einer möglichst
großen Anzahl von Objekten die *Zustandsgrößen* zu bestimmen, die den
physikalischen Zustand des Sternes charakterisieren. Wir messen die schein-
bare Helligkeit und leiten daraus bei bekannter Entfernung nach dem Ent-
fernungsquadratgesetz die *Leuchtkraft*, d. h. die vom Stern in der Zeitein-
heit insgesamt ausgestrahlte Energie ab. Da wir wegen der erwähnten
Absorption in der Erdatmosphäre nicht das ganze Spektrum erfassen können, ist dazu eine gewisse Extrapolation nötig, die bei Sternen von Oberflächentemperaturen über 10 000°, bei denen das Maximum der spektralen
Energieverteilung im unzugänglichen Ultraviolett liegt, zu einer merklichen
Unsicherheit in der Leuchtkraft führt. Die *Temperatur der oberflächen-
nahen Schichten* des Sternes kann aus der Intensitätsverteilung im konti-
nuierlichen Spektrum erschlossen werden. Es hat sich dabei gezeigt, daß die
Sternstrahlung im beobachtbaren Spektralbereich im großen und ganzen
wie die Strahlung eines schwarzen Körpers beschaffen ist und durch die
*Planck*sche Strahlungskurve dargestellt werden kann, wenn auch gewisse
Abweichungen vorhanden sind. Es ist aber, namentlich nach den Erfahrungen bei der Sonne, damit zu rechnen, daß im kurzwelligen UV und im
Gebiete der elektrischen Zentimeter- bis Meter-Wellen zusätzliche Emissio-
nen auftreten, die von dem heterogenen Charakter der äußeren Schichten
eines Sternes herrühren. Ihr Gesamtbetrag bleibt aber klein gegenüber der
„schwarzen" Strahlung. Als leicht zu bestimmendes Charakteristikum der
Sternatmosphäre dient der *Spektraltyp.* Die Einordnung in die Spektral-
reihe O—B—A—F—G—K—M, die eine Folge abnehmender Oberflächentemperatur darstellt, geschieht auf Grund der Intensitätsverhältnisse bestimmter Paare von Absorptionslinien. Die aus der Intensitätsverteilung im
Kontinuum ermittelte Oberflächentemperatur bestimmt mit hinreichender
Genauigkeit die Ausstrahlung pro Quadratzentimeter Oberfläche, so daß
aus Leuchtkraft und Temperatur die Oberflächen und damit die *Radien*
der Sterne abgeleitet werden können. Bei einigen Sternen lassen sich die
Durchmesser auch direkt aus dem interferometrisch gemessenen Winkel-
durchmesser und der Entfernung gewinnen, ebenso bieten einige Bedek-
kungsveränderliche die Möglichkeit zur Ableitung der Radien der Komponenten aus der Lichtkurve und den Elementen der Bahnbewegung. Die
Masse der Sterne läßt sich nicht für einzelne Objekte, sondern nur für die
Komponenten von Doppelsternen mit bekannter Bahnkurve und Entfernung ermitteln. Aus Masse und Radius folgen dann weiter die *mittlere
Dichte* des Sterns und die *Schwerebeschleunigung* an seiner Oberfläche.

Das Verhältnis Leuchtkraft zu Masse gibt die *mittlere Energieerzeugung* pro Gramm Sternmaterie, da man bei der überwiegenden Mehrzahl der Sterne voraussetzen darf, daß die ausgestrahlte Energie durch irgend einen Erzeugungsvorgang im Innern des Sternes wieder ersetzt wird. Eine weitere Zustandgröße ist die *Rotationsgeschwindigkeit* bzw. Umdrehungsdauer der Sterne, die sich aus der Kontur von Spektrallinien bestimmen läßt. Neuerdings ist auch das *Magnetfeld* der Sterne zu den erfaßbaren Zustandsgrößen zu zählen, nachdem außer für die Erde und die Sonne bei dem ersten Stern das Magnetfeld mit Hilfe der Zeemann-Aufspaltung von Spektrallinien gemessen werden konnte.

Von besonderer Bedeutung für die Erkenntnis der physikalischen Struktur des Weltalls ist die *chemische Zusammensetzung der Sterne*. Der unmittelbaren Beobachtung sind allerdings nur die Oberflächenschichten der Sterne zugänglich, in denen die Absorptionsspektren — bei der Sonne die Fraunhoferschen Linien — entstehen. Die Untersuchung dieser Absorptionslinien, die gleichzeitig noch wichtige Aufschlüsse über den Aufbau der Sternatmosphären geben, hat gezeigt, daß der Wasserstoff das mit ganz überwiegender Häufigkeit vorkommende Element ist. An zweiter Stelle folgt Helium, während die drei Elemente nächsthöherer Ordnungszahl, Lithium, Beryllium und Bor relativ selten sind. Bei Kohlenstoff, Stickstoff und Sauerstoff steigt die Häufigkeit wieder auf etwa $^1/_{100}$ der Wasserstoffhäufigkeit an, um dann bis auf kleinere Unregelmäßigkeiten wie die umgekehrte vierte Potenz der Ordnungszahl der Elemente abzunehmen. Dabei sind die Elemente ungerader Ordnungszahl seltener als die benachbarten Elemente gerader Ordnungszahl. Bis auf den Wasserstoff und die anderen leichten Elemente bis zur Ordnungszahl 5 ist dies die gleiche Häufigkeitsverteilung, die sich auch für die feste Erdkruste, die Sonnenatmosphäre, für Gasnebel und für die Meteoriten ergeben hat. Wir kommen daher zu der Auffassung, *daß bis auf Unterschiede bei den leichtesten Elementen überall im Weltall ungefähr die gleiche chemische Zusammensetzung herrscht und daß wir das Innere der Sterne und auch die interstellare Materie als im wesentlichen aus Wasserstoff bestehend ansehen dürfen.* Vielleicht wird eine eingehende quantitative Spektralanalyse der Sternatmosphären das Vorhandensein individueller Unterschiede aufdecken, so daß die chemische Zusammensetzung der Atmosphären mit unter die Zustandsgrößen aufzunehmen ist.

Die oben genannten Bestimmungsstücke sind im Laufe der letzten Jahrzehnte für eine größere Anzahl von Sternen gemessen worden. Dabei ist die Verteilung der Messungen auf die verschiedenen Zustandsgrößen recht ungleichmäßig. Die Leuchtkräfte sind für viele tausend Sterne gemessen, es gibt aber nur etwa 80 Sterne, für die Leuchtkraft, Masse und Radius bekannt sind. Das ist verglichen mit den rund 10^{11} Sternen unseres Milchstraßensystems außerordentlich wenig, muß aber als Uebersicht und Grundlage für die Theorie des inneren Aufbaus vorerst genügen, da es sehr langwierig sein wird, diese Zahl wesentlich zu vergrößern. Die Genauigkeit, mit der die Zustandsgrößen sich bestimmen lassen, ist nicht sehr hoch; außer bei der Sonne dürfte die Fehlergrenze günstigstenfalls bei etwa 10 bis 20% des Wertes liegen. Die folgende kleine Tabelle gibt eine Uebersicht über den ungefähren Spielraum der Zustandsgrößen und die Werte für die Sonne, die ein in jeder Hinsicht durchschnittliches Objekt unter den Sternen darstellt.

Zustandsgrößen der Sterne und der Sonne

Masse: 1/10 bis 50 Sonnenmassen	Sonne: $2 \cdot 10^{33}$ g
Leuchtkraft: 10^{-4} bis 10^{4} des Sonnenwertes	„ $4 \cdot 10^{33}$ erg/sec
Effektive Temperatur: 2000° bis 50 000 Grad	„ 5700 Grad
Radius: 1/100 bis 300 Sonnenradien	„ $7 \cdot 10^{10}$ cm
Mittlere Dichte: 10^{-7} g/cm³ bis 10^{5} g/cm³	„ 1.4 g/cm³
Schwerebeschleunigung an der Oberfläche:	
1/100 bis 10^{4} des Sonnenwertes	„ $2.7 \cdot 10^{4}$ cm/sec²
Mittlere Energieerzeugung: 1/100 bis 10^{4} des	
Sonnenwertes	„ 2 erg/g sec
Rotationsgeschwindigkeit am Aequator:	
bis etwa 250 km/sec	„ 2.0 km/sec.

Es finden sich nun nicht alle Kombinationen von Zustandsgrößen bei den Sternen realisiert. Bei der Mehrzahl der Sterne besteht zwischen den einzelnen Zustandsgrößen eine ziemlich enge Korrelation: je größer die Masse, um so größer sind Leuchtkraft, mittlere Energieerzeugung, effektive Temperatur und Radius, und um so kleiner ist die mittlere Dichte. Die sogenannten *Hauptreihen-Sterne*, die dieser Beziehung folgen, machen etwa 90 % aller Objekte aus. Der Rest verteilt sich auf die seltenen *Riesensterne*, die sich durch große Radien und Leuchtkräfte und sehr geringe mittlere Dichten auszeichnen, und auf die *weißen Zwergsterne*, bei denen umgekehrt kleiner Radius und geringe Leuchtkraft mit extrem hohen Dichtewerten verbunden sind. Sterne von mehr als 5facher Sonnenmasse sind sehr selten; mit abnehmender Masse bezw. Leuchtkraft nimmt die Häufigkeit zunächst stark zu, um unterhalb der Sonnenmasse ungefähr konstant zu bleiben. Wie der Verlauf bei Sternen kleiner als 1/10 Sonnenmasse weitergeht, ist nicht bekannt, da die Helligkeiten und Oberflächentemperaturen dieser Objekte zu klein sind. Die *Veränderlichen Sterne*, die ihre Zustandsgrößen bis auf die Masse infolge radialer Pulsationen rhythmisch ändern, stehen den Riesensternen nahe. Sie sind ebenso wie die *Neuen Sterne*, bei denen ein plötzlicher Lichtausbruch zu vorübergehender Steigerung der Leuchtkraft eines Sternes um 4—5 Zehnerpotenzen führt, für die Astrophysik von besonderem Interesse, weil sich bei ihnen Vorgänge abspielen, während wir sonst nur unveränderliche Zustände beobachten können. Besonders drastisch sind diese Vorgänge bei den Supernovae, wo in einem gewaltigen Lichtausbruch Energien ausgestrahlt werden, die den Gesamtbetrag der Ausstrahlung von Milliarden normaler Sterne erreichen.

Die Verteilung der Sterne auf die verschiedenen Spektraltypen und Leuchtkräfte ist zumindest bei den absolut hellen Sternen nicht überall die gleiche. Nach neueren Ergebnissen von *W. Baade* lassen sich zwei charakteristische Typen von Sternverteilungen unterscheiden: Der Typ I, den wir z. B. im Sternfeld der Sonnenumgebung bis zu Abständen von einigen 1000 Lichtjahren vorfinden, zeigt eine Verlängerung der Hauptreihe bis in das Gebiet der hellen B-Sterne sowie einen Riesenast, längs dessen die Leuchtkraft von G über K nach M langsam wächst; F-Riesen fehlen. Bei dem Typ II, der in kugelförmigen Sternhaufen, in den sternreichen Zentralgebieten des Milchstraßensystems und in den dichten Kernen außergalaktischer Sternsysteme realisiert ist, sind keine hellen B-Sterne vorhanden, die hellsten Sterne sind vom Spektraltyp K. Bei G_0 gabelt sich der Riesenast. Der eine Zweig enthält im Gebiet der F-Riesen, das bei Typ I gar nicht besetzt ist, in einem engbegrenzten Bereich der Zustandsgrößen zahlreiche periodische Veränderliche, deren Lichtwechsel mit Perioden unter 1 Tag stattfindet. Der andere Zweig mündet bei der Spektralklasse F in die Hauptreihe. Die Zahl der Zwergsterne wächst bei Typ II mit abnehmender Helligkeit rascher an als bei Typ 1.

Der Typ II tritt nach den vorliegenden Erfahrungen bei großer räumlicher Dichte, der Typ I bei lockerer Sternverteilung auf. In der Sonnenumgebung gehören die Sterne großer Relativgeschwindigkeit in Bezug auf die Sonne, die aus dem dichten Zentralgebiet kommend auf stark exzentrischen Bahnen in der Milchstraßenebene laufen, zum Typ II. Der Unterschied zwischen den beiden Populationen hat vermutlich kosmogonische Ursachen. Wenn diese auch bis jetzt unerklärt sind, ist es doch von großem Interesse, daß sich hier ein Zusammenhang zwischen physikalischem Zustand und räumlicher Stellung andeutet.

Das Material über die Zustandsgrößen und ihre Zusammenhänge und die Kenntnis der chemischen Zusammensetzung sind der eine Ausgangspunkt für die *Theorie des inneren Aufbaus der Sterne;* der andere wird gegeben durch die Gesetze der Hydrodynamik, der Wärmelehre, der Quantentheorie und der Physik der Atomkerne, deren räumlich und zeitlich unbegrenzte Gültigkeit bisher eine der wichtigsten Grundvoraussetzungen bei der Erforschung des Weltalls bildete. Die Fragestellungen beim Sternaufbau sind:

1. Welche physikalischen Zustände (Temperatur, Druck, Ionisationszustand usw.) herrschen im Innern der Sterne, 2. auf welche Weise wird die im Inneren erzeugte Energie zur Oberfläche befördert, wo sie zur Ausstrahlung gelangt, 3. welche Prozesse bewirken die Energieerzeugung, die zur Deckung der laufenden Ausstrahlung erforderlich ist? Ihre Beantwortung erfolgte im Lauf der drei letzten Jahrzehnte schrittweise, wobei jede neue physikalische Erkenntnis in der Quantentheorie und den Umwandlungen der Atomkerne neue Ansatzpunkte bot. Wie in der theoretischen Physik und physikalischen Chemie spielen in der Theorie des Sternaufbaus *Modellbetrachtungen* eine wichtige Rolle. Es werden die Eigenschaften von Gaskugeln im Gleichgewicht untersucht, wobei bestimmte Voraussetzungen nötig sind, um eine rechnerische Behandlung zu ermöglichen. Solche Folgen von Sternmodellen, die durch Variation eines oder mehrerer Parameter entstehen, werden dann hinsichtlich ihrer Eigenschaften mit den wirklichen Sternen verglichen und daraus auf die Richtigkeit der gemachten Annahmen geschlossen bzw. auf die Notwendigkeit, die Modelle in geeigneter Weise abzuändern.

Die Theorie der Gaskugeln hat, wenn wir von Sonderproblemen absehen, zu folgenden Ergebnissen geführt:

1. Die Materie im Sterneninneren besteht infolge weitgehender Ionisation aus Atomkernen und freien Elektronen und befolgt bis zu Dichten vom Hundertfachen der des Wassers die idealen Gasgesetze. Daraus läßt sich weiter folgern, daß die Sterne der Hauptreihe alle die gleiche Größenordnung der Zentraltemperatur von 20 Millionen Grad haben. Bei den Riesensternen ist die Temperatur geringer, bei den weißen Zwergsternen mit ihren hohen Dichten befindet sich die Materie im entarteten Zustand, wobei der Druck nur von der Dichte und nicht, wie beim normalen Gas, auch von der Temperatur abhängt.

2. Der Energietransport zur Oberfläche wird zum Teil durch Lichtquanten bewirkt, zum Teil durch Konvektionsströmungen. Die Konvektion setzt

immer dann ein, wenn infolge starker Absorption der Lichtquanten ein
großes Temperaturgefälle entstehen würde, sie bewirkt damit eine Begrenzung des Temperaturgefälles. Bei den ersten Überlegungen über Gaskugeln *(R. Emden)* hatte man nur den Energietransport durch Konvektion
in Betracht gezogen, in den grundlegenden Arbeiten von *Eddington* war
dagegen nur der Strahlungstransport berücksichtigt. Die neueste Entwicklung hat aber sichergestellt, daß beide Mechanismen eine Rolle spielen.

3. Die Untersuchung der bei den Energien der Partikel im Sterninnern
möglichen Kernreaktionen hat gezeigt, daß nur solche Umwandlungen in
genügender Häufigkeit vorkommen, die auf dem Eindringen eines Wasserstoffkerns in den Kern eines Elements niedriger Ordnungszahl beruhen.
Bei den Hauptreihensternen erfolgt nach *Bethe* und *v. Weizsäcker* die
Energieerzeugung in der Hauptsache auf Grund einer Kettenreaktion, an
der Kohlenstoff- und Stickstoff-Kerne als Katalysatoren beteiligt sind und
in deren Verlauf aus je vier Wasserstoff-Kernen ein Helium-Kern aufgebaut wird. Dabei wird pro gr entstehenden Heliums eine Energie von rund
200 000 Kilowattstunden frei. Wenn die Sonne ganz aus Wasserstoff bestehen würde, reichte die bei der Umwandlung in Helium freiwerdende
Energie aus, um die Ausstrahlung für rund 100 Milliarden Jahre zu decken.
Die Unterschiede in der Energieerzeugung bei den verschiedenen Hauptreihensternen erklären sich durch die Unterschiede in der Zentraltemperatur.
Da eine geringere Temperaturzunahme bereits ein erhebliches Ansteigen
der Reaktionsgeschwindigkeit bewirkt, genügt das aus den beobachtbaren
Zustandsgrößen ableitbare geringe Anwachsen der Zentraltemperatur mit
der Masse, um die größere Energieerzeugung bei den größeren Massen zu
verstehen.

Der gegenwärtige Stand der Theorie zeigt aber noch einige Mängel. Die
Energieerzeugung in den Riesensternen und den ihnen nahestehenden
periodischen Veränderlichen läßt sich durch den erwähnten Reaktionszyklus nicht deuten, da die Mittelpunktstemperaturen bei Annahme des normalen Sternmodells zu klein sind, und es ist nach unserer gegenwärtigen
Kenntnis der Kernreaktion auch kein anderer Umwandlungsprozeß denkbar, der zur Deckung der Ausstrahlung über hinreichend lange Zeiten
herangezogen werden könnte. Wesentlich ist hier die Frage nach dem *Alter
der Sterne*. Eine untere Grenze dafür bildet das Alter der festen Erdkruste.
Aus dem Mengenverhältnis zwischen radioaktiven Elementen und ihren
Zerfallsproduktionen folgt für die ältesten Sedimentgesteine ein Alter von
2 Milliarden Jahren (MJ). Wir können also annehmen, daß die Sonne seit

einigen MJ existiert und in gleicher Weise wie heute ausgestrahlt hat.
Auch andere Erscheinungen, vor allem die kosmische Expansion, deuten
auf eine Zeitskala dieser Größenordnung.

Bei den hellsten Hauptreihensternen vom Spektraltyp O und B ist die
Energieerzeugung pro Masseneinheit so groß, daß der Wasserstoffvorrat
dieser Sterne in weit weniger als 1 MJ erschöpft sein müßte. Es liegt daher
nahe anzunehmen, daß diese Sterne relativ junge, d. h. später als die normalen Hauptreihensterne entstandene Gebilde sind. Verschiedene Anzeichen,
wie Besonderheiten in ihrer räumlichen Verteilung und ihre großen Ro-
tationsgeschwindigkeiten sprechen ebenfalls dafür, daß die hellen O- und
B-Sterne sich erst „kürzlich", vermutlich durch Kondensation aus interstellarer Materie gebildet haben und vielleicht jetzt noch bilden.
Hinsichtlich aller Fragen über die *Entstehung und Entwicklung der Sterne*
tappen wir noch ziemlich im Dunkeln. Die Hauptprobleme der Kosmogonie
— Umordnung des räumlichen Nebeneinanders der Sterntypen in ein zeit-
liches Nacheinander, Einordnung der Veränderlichen, der Neuen Sterne,
der Supernovae, der weißen Zwerge und der Doppelsterne in ein Entwick-
lungschema, Klärung der Voraussetzungen für die Bildung des Planeten-
systems — sind noch weit von einer Lösung entfernt. Da die vermutliche
Zeitskala der Entwicklung im Weltall 10 Millionen mal länger ist als der
Zeitraum, in dem astronomische Beobachtungen angestellt sind, befindet
sich der Astronom in der Lage eines Geschichtsschreibers, der die Entwick-
lungsgeschichte einer Bevölkerung beschreiben soll, die er nur wenige Minuten beobachten konnte. Es ist daher verständlich, daß in der Kosmogonie
an die Stelle gesicherten Wissens phantasievolle Theorien treten, die bei
echten Fortschritten der Erkenntnis oft weitgehenden Umwandlungen unter-
zogen werden müssen.

Sonnenphysik. Die Sonne bietet gegenüber den anderen Einzelsternen besonders günstige Beobachtungsbedingungen. Die große Intensität ihrer
Strahlung gestattet die Anwendung feinster spektroskopischer Methoden
(z. B. zur Bestimmung von Magnetfeldern aus dem Zeemann-Effekt), und
es können alle Einzelheiten auf der Oberfläche bis herunter zu Dimensionen
von 1000 km beobachtet werden. Die Entwicklung neuer Beobachtungsver-
fahren zur Sichtbarmachung der Sonnenkorona und anderer Erscheinungen, die sich früher nur bei totalen Sonnenfinsternissen beobachten ließen,
die Erkenntnis des Einflusses, den die Vorgänge in der Sonnenatmosphäre

auf die höchsten Schichten der Erdatmosphäre, die Ionosphäre und damit auf den drahtlosen Nachrichtenverkehr haben, und die theoretischen Fortschritte haben der Physik der Sonne im letzten Jahrzehnt einen bedeutenden Aufschwung gebracht. Durch internationale Zusammenarbeit wird eine möglichst lückenlose Ueberwachung aller Erscheinungsformen der Sonnentätigkeit angestrebt. Gleichzeitig erfolgt eine Registrierung der davon beeinflußten Vorgänge in der Erdatmosphäre: Struktur der Ionosphäre, Schwankungen des erdmagnetischen Feldes, Polarlichter und Nachthimmelshelligkeit, so daß bereits ein umfangreiches statistisches Material zur Korrelation solarer und terrestrischer Erscheinungen vorliegt.

Die Oberflächenschichten der Sonne, aus denen die die Erde erreichende Strahlung stammt, werden eingeteilt in *Photosphäre* mit umkehrender Schicht, *Chromosphäre* und *Korona*. In der Photosphäre wird die kontinuierliche Strahlung der Sonne emittiert, deren spektrale Intensitätsverteilung ungefähr der eines schwarzen Strahlers von 5700° entspricht. Die Photosphäre befindet sich in einem Zustand turbulenter Konvektion, Gasballen von 1000 km Durchmesser steigen auf, geben in einigen Minuten ihren Wärmeüberschuß ab und machen dann anderen aufsteigenden Elementen Platz. So entsteht die Erscheinung der *Granulation,* der körnigen Struktur der Photosphäre. In der Photosphäre liegen auch die *Sonnenflecken,* deren eigentliche, noch unbekannte Ursache aber in tieferen Schichten der Sonne zu suchen ist. Die Häufigkeit der Sonnenflecken wechselt mit 11jähriger Periode, das letzte Maximum war 1937. Die Flecken sind gewöhnlich in Gruppen angeordnet, die Lebensdauer einer Fleckengruppe kann bis zu mehreren Sonnenrotationen (27 Tage) betragen. Mit jeder Fleckengruppe ist ein *Fackelgebiet* verbunden, ein Gebiet, in dem Granulen längerer Lebensdauer und gesteigerter Emission vorkommen, die sich meist zu Bändern anordnen. Die Fackeln sind nur in den Randgebieten der Sonnenscheibe, nicht aber auf der Mitte der Scheibe zu sehen, da ihre Emission in den höchsten Schichten der Photosphäre erfolgt. Die umkehrende Schicht, in der die Fraunhoferschen Absorptionslinien entstehen, fällt mit dem äußeren Teil der Photosphäre zusammen. Aus den Intensitäten und Konturen der Absorptionslinien lassen sich zahlreiche Schlüsse auf die chemische Zusammensetzung, den Ionisationszustand, das Magnetfeld, den Druck und die Strömungen in der Sonnenatmosphäre ziehen. Einem schwachen allgemeinen Magnetfeld überlagern sich in den Sonnenflecken Felder bis zu 3000 Oerstedt, die mit dem Fleck entstehen und vergehen. Chromosphäre und Korona konnten ursprünglich nur bei totalen

Sonnenfinsternissen beobachtet werden. In dem Augenblick, wo der Mond die Photosphäre genau vollkommen verdeckt, ist für kurze Zeit die Chromosphäre als feiner Lichtsaum sichtbar, der die Fraunhoferschen Linien in Emission zeigt. Die Dicke der Chromosphäre beträgt etwa 10 000 km, sie baut sich aus flammenähnlichen Elementen auf, so daß der Eindruck einer „brennenden Prärie" entsteht.

In engem Zusammenhang mit der Chromosphäre stehen die *Protuberanzen,* leuchtende Gasmassen verschiedenster, oft grotesker Form, in mannigfachen Bewegungszuständen, die neuerdings durch Zeitrafferaufnahmen eindrucksvoll dargestellt worden sind. Vorherrschend sind Strömungen von in der Korona gelegenen Gaswolken abwärts zur Sonnenoberfläche, doch kommen auch aufsteigende Protuberanzen vor, bei denen die Materie mit Geschwindigkeiten bis zu einigen 100 km/sec von der Sonne wegfliegt. Die Protuberanzen senden wie die Chromosphäre ein Emissionslinienspektrum aus. Die *Korona* ist der äußerste Teil der Sonnenatmosphäre. Sie reicht bis zu Abständen von mehreren Sonnenradien. Sie erscheint während der Totalität als weißer Schleier mit strahlenförmiger Struktur und nach außen rasch abnehmender Flächenhelligkeit, ihre Form ändert sich mit der Phase im 11jährigen Sonnenfleckenzyklus. Ihr kontinuierliches Spektrum ist mit dem der Photosphäre identisch; daraus folgt, daß das Koronalicht durch wellenlängenunabhängige Streuung der Sonnenstrahlung an freien Elektronen der Koronamaterie entsteht. Die innere Korona zeigt eine Anzahl von Emissionslinien, deren Deutung auf Grund von Ergebnissen der modernen Vakuumspektroskopie erst 1941 von *B. Edlén* in Upsala gegeben wurde, nachdem 1939 *W. Grotrian* gezeigt hatte, daß die Differenz der Grundterme im Spektrum des neunfach ionisierten Eisens mit der Frequenz einer roten Koronalinie übereinstimmte. Bei allen identifizierten Linien handelt es sich um hochionisierte Atome von Eisen, Nickel und Calcium. Der hohe Ionisationsgrad, die Linienbreiten, die große Ausdehnung der Korona und weitere Argumente führen zu dem Schluß, *daß in der Korona eine Temperatur von der Größenordnung 1 Million Grad herrscht.* Der Mechanismus, der diese im Vergleich zur Photosphäre außerordentlich hohe Temperatur aufrecht erhält, konnte bisher noch nicht eindeutig geklärt werden. Wahrscheinlich wird wenigstens ein Teil der erforderlichen Energie durch Protonen und Partikel der interstellaren Materie geliefert, die, im Kraftfeld der Sonne beschleunigt, mit Geschwindigkeiten von etwa 600 km/sec die innere Korona erreichen.

Mit Hilfe des zuerst von *B. Lyot* auf dem Pic du Midi entwickelten und später vor allem von *M. Waldmeier* in Arosa benutzten Koronographen, einem Fernrohr mit streulichtfreier Optik, ist es jetzt möglich, Beobachtungen der Korona, besonders ihrer Emissionslinien, und der Protuberanzen bei vollem Tageslicht von hoch gelegenen Stationen aus durchzuführen. Das bedeutet einen gewaltigen Fortschritt gegenüber den Finsternisbeobachtungen, die im Mittel nur eine Beobachtungsdauer von einer Minute im Jahr gestatteten. Für die Erforschung der Chromosphäre stehen im Spektroheliographen und im Spektrohelioskop Instrumente zur Verfügung, die im Licht einer bestimmten Spektrallinie, z. B. der Wasserstofflinie H_α die chromosphärischen Vorgänge auf der Sonnenscheibe und an ihrem Rande zu photographieren und zu beobachten gestatten.

Neben der Licht- und Wärmestrahlung, die die Grundlage für das ganze organische Leben auf der Erde ist, sendet die Sonne noch verschiedene andere Arten von Wellen- und Korpuskularstrahlung aus. Eine *kurzwellige UV-Strahlung* im Wellenlängengebiet unter 1000 AE, die sich vielleicht bis in das Gebiet der weichen Röntgenstrahlen erstreckt, bewirkt die Ionisierung der höchsten Schichten der Erdatmosphäre und die Schwankungen der Ionisierung mit der Sonnenfleckenzahl. Als Ursprung dieser Strahlung kommt neben den Fackelgebieten vor allem die innerste Korona in Betracht, für die spektroskopisch eine Temperatur von rund 10^6 Grad nachgewiesen wurde. Auch eine wichtige Störung der Ionosphäre, der *Mögel-Dellinger-Effekt*, bei dem infolge einer vorübergehenden Ionisierung der Atmosphärenschichten unter 100 km Höhe der auf der Reflexion an der Ionosphäre beruhende Kurzwellenverkehr für Zeiten von 10 bis 30 Minuten völlig aussetzt, wird durch eine UV-Emission der Sonne hervorgerufen. Wahrscheinlich handelt es sich um die Wasserstoff-Resonanzlinie 1215 AE, die von Stickstoff und Sauerstoff wesentlich schwächer absorbiert wird als die beiderseits benachbarten Spektralbereiche. Diese Strahlung wird von den chromosphärischen Eruptionen ausgesandt, kurzdauernden Lichtausbrüchen in aktiven Fleckengruppen, die besonders bei der Beobachtung im Lichte der H_α-Linie hervortreten.

Während des letzten Krieges wurde an verschiedenen Orten mit Funkmeßgeräten entdeckt, daß die Sonne eine *Wellenstrahlung im Gebiete der elektrischen Zentimeter- bis Meterwellen* aussendet. Damit bot sich ein völlig neues Verfahren der Sonnenbeobachtung, das von den Verhältnissen in der Troposphäre, Bewölkung und Nebel in keiner Weise beeinflußt wird und daher eine lückenlose Überwachung der Sonnentätigkeit erlaubt. Zahlreiche Einzelbeobachtungen aus den beiden letzten Jahren haben bereits einen ersten Überblick über die reichen Möglichkeiten dieses Forschungsgebietes gegeben. Die Kurzwellenstrahlung, die von den freien Elektronen der Korona emittiert wird, erfährt eine Intensitätssteigerung um viele Zehnerpotenzen bei Auftreten von Sonnenflecken und Eruptionen.

Die *Korpuskularstrahlung der Sonne* besteht aus Elektronen, Protonen und anderen Atomionen mit Geschwindigkeiten zwischen etwa 400 und 1600 km/sec. Die Laufzeiten der Partikel zwischen Sonne und Erde liegen zwischen 1 und 4 Tagen. Bei Annäherung an die Erde durch deren Magnetfeld in die Nähe der Erdpole abgelenkt, ruft die Korpuskularstrahlung die Polarlichter, erdmagnetische Störungen und Störungen der Ionosphäre hervor. Nach den neuesten Untersuchungen des Fraunhoferinstituts kommt die langsame Korpuskularstrahlung von den Sonnenprotuberanzen und ist identisch mit den Koronastrahlen, die das Bild der äußeren Korona bestimmen; sie erzeugt die schwächeren erdmagnetischen Störungen. Die schnelle Korpuskularstrahlung, die die großen erdmagnetischen Stürme hervorruft, wird anscheinend hauptsächlich von den chromosphärischen Eruptionen emittiert. Da die wechselnden Magnetfelder der Sonnenflecken in oft unkontrollierbarer Weise auf die ausströmenden Korpuskel einwirken, sind die Zusammenhänge zwischen solarer Ursache und irdischer Wirkung der Korpuskularstrahlen, vor allem in sonnenfleckenreichen Zeiten, ziemlich unübersichtlich.

Der Einfluß der Sonnentätigkeit auf irdische Vorgänge beschränkt sich nicht nur auf die Erscheinungen in den höchsten Atmosphärenschichten, in denen die zeitlich variablen UV- und Korpuskularstrahlungen absorbiert werden. Auch beim Witterungsablauf, z. B. der Niederschlagshäufigkeit, besteht eine gewisse Korrelation zur Sonnentätigkeit, und sogar im biologischen Geschehen scheint eine Beziehung statistisch nachweisbar. Besonders eindrucksvoll sind in dieser Hinsicht die elfjährigen Periodizitäten in der Dicke der Jahresringe von Bäumen, aus denen sich die Fleckenperiode zum Teil über mehrere Jahrhunderte zurückverfolgen läßt. Vermutlich handelt es sich bei den meteorologischen Effekten um indirekte Wirkungen, wobei eine Steuerungswirkung der Hochatmosphäre auf die Troposphäre den Einfluß der Sonnentätigkeit vermittelt. Aber auch eine direkte Einwirkung der bis zur Erdoberfläche dringenden variablen Sonnenstrahlung im Gebiet der ultrakurzen elektrischen Wellen auf Vorgänge in der Troposphäre und im organischen Geschehen muß in Betracht gezogen werden. Ferner ist neuerdings wahrscheinlich gemacht, daß Sonneneruptionen von kurzzeitigen Intensitätsanstiegen der kosmischen Höhenstrahlung begleitet sind, so daß sich hier eine weitere Möglichkeit solarer Beeinflussung ergibt. Von besonderem Interesse ist in diesem Zusammenhang die Frage, welche Beziehungen zwischen der Sonnentätigkeit und den Klimaten der geologischen Vorzeit, z. B. den Eiszeiten, bestanden haben. Auch bei der Entwicklung neuer Arten im Tier- und Pflanzenreich in den verschiedenen geologischen Epochen braucht nicht nur die Anpassung an die jeweiligen Umweltverhältnisse maßgebend gewesen zu sein, sondern man kann auch an gesteigerte Mutationen unter der Einwirkung variabler Sonnenstrahlungen denken.

Viele grundlegende Fragen der Sonnenphysik sind trotz der großen Fortschritte der Beobachtungstechnik bis jetzt ungelöst geblieben. Die Hauptprobleme sind die Deutung der den Sonnenflecken und ihrer 11jährigen Periodizität zugrunde liegenden Ursachen und das Zustandekommen der hohen Temperatur und der Strömungsvorgänge in Chromosphäre und Korona. Bei allen Lösungsversuchen müssen in erster Linie die zu den Flecken gehörigen Magnetfelder in Betracht gezogen werden, die zugleich ein wichtiges Bindeglied zu den Erscheinungen in den äußersten Schichten der Sonne darstellen. Da die bei der Bewegung ionisierter Gasmassen in räumlich und zeitlich variablen Strahlungs- und Magnetfeldern auftretenden Effekte theoretisch schwer zu erfassen sind, wird trotz der vorliegenden Ansätze und Teillösungen die Klärung der Hauptprobleme vermutlich noch längere Zeit in Anspruch nehmen.

Die interstellare Materie im Milchstraßensystem. Während man noch vor etwa 30 Jahren der Ansicht war, daß der Raum zwischen den Sternen praktisch leer sei, ist es jetzt sichergestellt, daß sich Atome, Elektronen, Moleküle und größere Partikel von kolloidalen bis zu meteoritischen Dimensionen im interstellaren Raum befinden. Wegen der Bedeutung, die Struktur und Bewegungszustand des Milchstraßensystems für die Physik der diffusen Materie haben, sei eine kurze Darstellung der gegenwärtigen Vorstellungen vom Aufbau des Systems vorangeschickt.

Im Sternsystem sind etwa 10^{11} Sterne in einer linsenförmigen Anordnung mit starker zentraler Verdichtung vereinigt. Die Milchstraßenebene bildet die Symmetrieebene; das Zentrum des Systems liegt von uns aus gesehen in Richtung des Sternbildes Sagittarius in 325^0 galaktischer Länge. Der Durchmesser des Systems beträgt in der Milchstraßenebene etwa 100 000 Lichtjahre oder 30 000 Parsec (1 Parsec $= 3.10^{18}$ cm ist die Entfernung, von der aus der Erdbahnradius unter einem Winkel von 1 Bogensekunde erscheint). Das Sonnensystem befindet sich in einem Abstand von 10 000 Parsec vom Zentrum, nur 20 Parsec nördlich der Symmetrieebene. In der zentralen Verdichtung ist das System einige 1000 Parsec dick; in der Gegend der Sonne erfolgt der Dichteabfall senkrecht zur galaktischen Ebene wesentlich rascher, wobei die Sterne großer Masse und Leuchtkraft stärker zur Milchstraßenebene hin konzentriert sind als die schwächeren Sterne. In 1000 Parsec Abstand ist auch für die schwächeren Sterne die räumliche Dichte auf 1/10 des Wertes in der Symmetrieebene abgesunken. In den äußeren Teilen der scheibenförmigen Anordnung sind die Sterne räumlich ziemlich ungleichförmig verteilt, Verdichtungen, die uns z. T. als Milchstraßenwolken erscheinen, wechseln ab mit sternärmeren Gebieten.

In der galaktischen Ebene befindet sich eine Schicht absorbierender Materie von rund 500 Parsec Dicke, die die Strahlung der Sterne im Mittel um etwa eine Größenklasse auf einem Lichtweg von 1000 Parsec schwächt. Die absorbierende Materie ist sehr ungleichmäßig verteilt, sie besitzt eine wolkenartige Struktur, die auf chaotische Bewegungen schließen läßt. Da sich die Sonne innerhalb der Absorptionsschicht befindet, ist der Ausblick in Richtung der Milchstraßenebene stark behindert. Die „Sichtweite" beträgt hier etwa 5000 Parsec, während in Richtung der galaktischen Pole und in großen galaktischen Breiten die Lichtschwächung gering bleibt und der Ausblick in den Weltraum außerhalb des Milchstraßensystems nicht merklich behindert wird.

Die starke Abplattung des Systems läßt von vornherein vermuten, daß es um eine zur Milchstraße senkrechte Achse rotiert. Diese Vermutung ließ sich durch verschiedene Ergebnisse über die Bewegungen der Sterne bestätigen. Die Sonne und ihre Umgebung bewegen sich mit einer Geschwindigkeit von 285 km/sec in einer Richtung, die senkrecht auf der Richtung zum galaktischen Zentrum steht. Ein Umlauf um das Zentrum dauert auf einer Kreisbahn etwa 200 Millionen Jahre. Die beobachtete Geschwindigkeitsstreuung unter den Sternen der Sonnenumgebung zeigt, daß die einzelnen Sterne auf Rosettenbahnen um das galaktische Zentrum laufen, die im allgemeinen nicht sehr von der Kreisbahn abweichen. Während im Kern des Systems starre Rotation herrscht, nehmen in den äußeren 10 000 Parsec die Umlaufzeiten nach außen hin zu, ähnlich wie im Sonnensystem die Umlaufzeiten der Planeten mit wachsendem Abstand von der Sonne größer werden. Aus den beobachteten Umlaufzeiten folgt eine Gesamtmasse des Milchstraßensystems von $2.5 \cdot 10^{11}$ Sonnenmassen. Dieser Wert ist mit den stellarstatistischen Ergebnissen über die räumliche Dichte der Sterne verträglich, er läßt aber die Möglichkeit zu, daß interstellare Materie von im

Mittel gleicher Gesamtmasse wie die der leuchtenden Sterne im System vorhanden ist.

Über die Art der absorbierenden Materie lassen sich aus der *Wellenlängenabhängigkeit der Absorption* einige Aufschlüsse gewinnen. Die Schwächung ist angenähert umgekehrt proportional der Wellenlänge, im Roten (6500 AE) ist die „Sichtweite" daher etwa $1^{1}/_{2}$ mal größer als im photographischen Bereich (4300 AE). Nach der *Mie*'schen Theorie der Lichtstreuung an kleinen Partikeln folgt daraus, daß Partikel mit Radien um $0.5 \cdot 10^{-5}$ cm bevorzugt an der Absorption beteiligt sind. Für die mittlere Dichte dieses galaktischen Staubes wird man auf einen Wert von etwa 10^{-26} g/cm³ geführt. In den zahlreichen Verdichtungen, die sich als Dunkelwolken in der Milchstraße bemerkbar machen, kann die Dichte bis auf 10^{-25} g/cm³ und darüber ansteigen. Besondere Aufmerksamkeit hat man neuerdings kleinen rundlichen Absorptionsgebieten von wenigen Parsec Durchmesser, den sogenannten *Globulen,* geschenkt. Vielleicht sind diese Gebilde Vorstufen der Sternentstehung, in denen sich diffuse Materie zu einem prästellaren Zustand kondensiert hat, aus dem sich allmählich unter fortschreitender Kontraktion ein leuchtender Stern entwickeln wird.

Die als *Sternschnuppen und Meteore* in die Erdatmosphäre eindringenden Partikel sind zum Teil interstellaren Ursprungs. Die Analyse des Meteoritenmaterials hat gezeigt, daß diese Körper ungefähr die gleiche relative Häufigkeit der schweren Elemente zeigen wie die Atmosphären der Sonne und der Sterne. Das aus dem Verhältnis radioaktiver Elemente zu ihren Zersetzungsprodukten erschlossene Alter ist von gleicher Größenordnung wie das der auf entsprechende Weise untersuchten Gesteine der Erdkruste. Diese beiden Befunde bilden ein wichtiges Argument für die Annahme einer einheitlichen Zusammensetzung und eines einheitlichen Ursprungs der Materie im Weltall.

Daß neben den Staubpartikeln auch *interstellare Materie in atomarer Form* im Milchstraßensystem vorhanden ist, zeigt sich aus den auftretenden Absorptions- und Emissionslinien. In Absorption konnten die Elemente Na, K, Ca, Ti und die Moleküle CN, CH und NaH nachgewiesen werden; bei einigen noch nicht identifizierten Linien vermutet man, daß es sich um Absorption in festen Körpern, also kleinen Kristallen, handelt. Die Absorptionslinien sind größtenteils extrem scharf, da infolge der großen freien Wegzeiten von mehreren Wochen die Stoßdämpfung wegfällt. Die Linienbreite wird nur durch die Temperaturbewegung der Atome und durch turbulente Strömungen im interstellaren Gas bewirkt. Es handelt sich bei

allen interstellaren Linien um solche, die vom Grundzustand des betreffen-
den Atoms ausgehen, da infolge der schwachen Wechselwirkung mit dem
allgemeinen Strahlungsfeld praktisch alle Atome im Grundzustand sind.
Zwischen der Linienintensität und der Entfernung der Sterne, auf deren
Spektrum sich die interstellaren Linien projizieren, besteht eine Korrelation, die man dazu benutzt hat, die Abstände weit entfernter Sterne zu
ermitteln.

In Emission wurden die Linien von H, He, O, S und Ne gefunden; dabei
treten teilweise auch höhere Ionisierungsstufen auf, die auf eine hohe
Temperatur (10 000 — 20 000⁰) des interstellaren Gases schließen lassen.
Dabei ist der Wasserstoff wie in den Sternatmosphären das mit überwiegender Häufigkeit vorkommende Element, es sind im Kubikzentimeter nach
verschiedenen Schätzungen etwa 2 bis 10 H-Atome — größtenteils, vor allem
in der Nähe heißer Sterne, zu Protonen und Elektronen dissoziiert — vorhanden (entsprechend einer mittleren Dichte von etwa 10^{-23} g/cm^3). Bei
den Emissionsnebeln handelt es sich durchweg um Teilgebiete größerer
Nebelfelder, die durch einen in der Nähe befindlichen Stern hoher Temperatur zum Leuchten angeregt werden.. Es hat sich aber neuerdings heraus-
gestellt, daß weite Gebiete der Milchstraße schwache Emissionslinien des
Wasserstoffs und andere in den hellen Nebeln beobachtete Linien zeigten.
Das Leuchten des interstellaren Gases ist also ein viel allgemeinerer Zustand,
als man zunächst angenommen hatte. Außer der Strahlung im sichtbaren
und ultravioletten Spektralbereich kommt von der interstellaren Materie
noch eine Strahlung im Gebiet der kurzen elektrischen Wellen, die als
schwaches Rauschen in einem Kurzwellenempfänger wahrgenommen werden kann. Die Strahlung wird von den freien Elektronen im interstellaren
Raum emittiert. Sterne können nicht daran beteiligt sein, da ihre Flächen
insgesamt nur den Bruchteil 10^{-12} der Sphäre bedecken. Die beobachtete
Intensität und Wellenlängenabhängigkeit des „galaktischen Rauschens"
führt auf Elektronentemperaturen von rund 10^5 Grad und mittlere Dichten
von etwa 1 Elektron im cm^3.

Von besonderem astrophysikalischen Interesse sind die Wechselwirkungen
zwischen den Atomen und Partikeln der diffusen Materie und zwischen
der diffusen Materie und den Sternen. Von den dabei auftretenden Fragen,
die bisher erst zu einem geringen Teil geklärt werden konnten, seien hier
nur erwähnt das *Kondensationsproblem* und der *Austausch stellarer und
interstellarer Materie.* Es ist anzunehmen, daß sich Atome außer H und He
an den vorhandenen Staubpartikeln kondensieren, deren Gleichgewichts-

temperatur bei der starken Verdünnung der Sternstrahlung im Raum nur
wenige Grad über dem absoluten Nullpunkt liegt, und daß auch durch
Zusammentreten von Atomen und Molekülen Kondensationskerne gebildet
werden, die zu Staubpartikeln anwachsen. Dieses Wachstum hat aber seine
Grenzen, und es wird sich eine Art Gleichgewichtszustand herausbilden,
da die Partikel bei gegenseitigen Stößen infolge der hohen Relativgeschwin-
digkeiten wieder verdampfen. Die chaotischen turbulenten Bewegungen
der interstellaren Materie, die sich in den Bildern der leuchtenden Nebel in
der unregelmäßigen Struktur und in der Existenz zahlreicher Dunkelwolken zeigen, verlaufen infolge inelastischer Stöße zwischen den Partikeln
und Atomen unter Verlust an kinetischer Energie und lassen daher die
Bildung größerer lokaler Kondensationen möglich erscheinen, die sich unter
günstigen Umständen vielleicht zu Gaskugeln kontrahieren und damit zur
Entstehung eines Sternes führen können. Bei der Wechselwirkung zwischen
den Sternen und der diffusen Materie spielen nicht nur die von der Gravitation und dem Strahlungsdruck hervorgerufenen Kräfte eine Rolle, die die
dynamischen Verhältnisse im Milchstraßensystem wesentlich beeinflussen,
sondern es findet auch ein ständiger Materieaustausch statt. Wir beobachten
bei der Sonne eine fortwährende Emission von Ionen und Elektronen und
dürfen annehmen, daß bei den anderen Sternen ähnliche Verhältnisse herrschen. Bei Nova-Ausbrüchen tritt eine besonders starke Abgabe von Materie
an den interstellaren Raum auf. Andererseits nehmen die Sterne bei ihrer
Bewegung durch den interstellaren Raum Atome, Ionen und gröbere Partikel auf, so weit diese nicht dem Strahlungsdruck unterliegen. Der Wir-
kungsquerschnitt eines Sternes für den Materieeinfang ist infolge der
Gravitationswirkung zwar bedeutend größer als sein geometrischer Quer-
schnitt, aber die aufgenommene Masse bleibt jedenfalls während eines Zeit-
raums von $2 \cdot 10^9$ Jahren klein gegenüber der Gesamtmasse des Sterns und
dürfte von gleicher Größenordnung sein wie die in den interstellaren Raum
emittierte Materie, so daß auch bei diesem Austausch ein Gleichgewicht
möglich ist.

Die außergalaktischen Nebel und die Expansion des Weltalls. Außerhalb
des Milchstraßensystems enthält der Weltraum zahlreiche Weltinseln, die
wie unsere größere kosmische Heimat aus Milliarden von Sternen, Sternhaufen und Sternwolken, aus dunklen und leuchtenden Massen diffuser
Materie aufgebaut sind. Die Gesamtzahl dieser Systeme innerhalb der Entfernung von 500 Millionen Lichtjahren, bis zu der die größten Beobach-

tungsinstrumente bis jetzt vordringen konnten, wird auf 100 Millionen geschätzt. Die durchschnittliche Entfernung zweier benachbarter Nebel beträgt etwa 1 Million Lichtjahre, das ist rund das 30fache ihrer mittleren Durchmesser.

Die meisten Nebel (die Bezeichnung „Nebel" rührt davon her, daß die Systeme auf photographischen Aufnahmen im allgemeinen nicht in Sterne aufgelöst, sondern von diffuser Struktur erscheinen) sind abgeplattet und rotieren ähnlich wie das Milchstraßensystem, etwa 80 Prozent zeigen eine deutliche Spiralstruktur in ihren äußeren Teilen (daher die oft benutzte Sammelbezeichnung „Spiralnebel"). 17 Prozent sind strukturlos (elliptische Nebel) und 2,5 Prozent zeigen eine chaotische, unregelmäßig wolkenartige Struktur. Die mittlere Masse der Nebel ist zu 10^{11} Sonnenmassen oder zu $2 \cdot 10^{44}$ Gramm bestimmt worden. Die Nebel erfüllen den bis jetzt übersehbaren Raum ziemlich gleichförmig, allerdings ist eine merkliche Tendenz zur Bildung lockerer Gruppen und Haufen mit Mitgliederzahlen bis zu mehreren Tausend vorhanden. Denkt man sich die Masse aller Nebel gleichmäßig über den Raum verteilt, so ergibt sich eine mittlere räumliche Dichte der Materie im Weltall von 10^{-28} g/cm^3 oder rund 60 Protonen im Kubikmeter. Diese Zahl ist aber mindestens auf 1 Zehnerpotenz unsicher, da die Verfahren zur Abschätzung der Nebelmassen noch recht ungenau sind und da bisher nichts darüber bekannt ist, ob sich im Raum zwischen den Nebeln noch diffuse Materie befindet. In einem Nebelhaufen kann die mittlere Massendichte etwa hundertmal größer sein als im allgemeinen Feld.

Die Spektren der Nebel zeigen die gleichen Absorptionslinien, wie man sie in den Sternspektren des Milchstraßensystems findet, so daß eine einheitlich chemische Zusammensetzung des Weltalls anzunehmen ist. Die Linien sind aber durchweg nach Rot verschoben, und zwar um so stärker, je kleiner und lichtschwächer, je weiter entfernt also die Nebel sind. Zu je schwächeren Nebeln man vordringt, um so deutlicher kommt die Korrelation zwischen Rotverschiebung und Entfernung heraus, die als fundamentale Gesetzmäßigkeit im Reich der Nebel angesehen werden muß. Es ist anzunehmen — und wir kennen vorerst keine andere plausible physikalische Deutungsmöglichkeit —, daß die Rotverschiebungen durch Dopplereffekt bewirkt werden und damit von einer von uns weggerichteten Bewegung der Nebel herrühren. Die Geschwindigkeiten wachsen bis zu dem größten bisher beobachteten Wert von 42 000 km/sec ($^1/_7$ der Lichtgeschwindigkeit!) proportional zur Entfernung. Bei einer Vergrößerung der Entfernung um 100 Millionen Lichtjahre wächst die Fluchtgeschwindigkeit jeweils um 15 400 km/sec. Der Proportionalitätsfaktor zwischen Geschwindigkeit und Entfernung, der die Dimension einer reziproken Zeit hat, beträgt $\alpha = 1.9 \cdot 10^{-17}$ sec.$^{-1}$. Dieser Wert ist als eine fundamentale Naturkonstante anzusehen, die an Rang der Gravitationskonstante oder der Lichtgeschwindigkeit gleichwertig ist.

Die vom Milchstraßensystem nach allen Richtungen radial auswärts verlaufende Expansion erweckt zunächst den Eindruck, als sei unser Standpunkt im Weltall in besonderer Weise bevorzugt. Man überlegt aber leicht, daß wegen der linear mit dem Abstand wachsenden Geschwindigkeit ein Beobachter auf irgendeinem anderen Spiralnebel genau das gleiche Expansionsphänomen beobachtet, so daß tatsächlich alle Standpunkte im Weltall gleichberechtigt sind und (abgesehen von den lokalen Dichteschwankungen infolge der Nebelhaufen) den gleichen Anblick des Weltalls bieten.

Durch die Rotverschiebung wandert die Intensität in den kontinuierlichen Spektren der Nebel genau wie die Absorptionslinien mit wachsendem Abstand immer mehr nach Rot. Dabei wird schließlich eine Entfernung R_0 erreicht, wo sich die Radialgeschwindigkeit der Lichtgeschwindigkeit c beliebig angenähert hat. Aus dieser Entfernung kann uns überhaupt keine Nebelstrahlung mehr erreichen, und was jenseits dieser Grenze liegt, bleibt unseren Instrumenten unzugänglich. Durch eine natürlich sehr hypothetische lineare Extrapolation mit Hilfe der Expansionskonstanten α erhält man für die Grenzentfernung den Wert $R_0 = 1.6 \cdot 10^{27}$ cm oder 1.6 Milliarden Lichtjahre und für die in der Kugel mit dem Radius R_0 eingeschlossene Gesamtmasse den Wert $1.7 \cdot 10^{54}$ Gramm oder, da alle Materie aus Protonen bzw. Neutronen aufgebaut ist, rund 10^{78} solcher Elementarteilchen. Dabei dürfte diese Zahl, selbst wenn die lineare Extrapolation berechtigt ist, um mindestens 2 Zehnerpotenzen unsicher sein. Wenn die Expansionsgeschwindigkeiten zeitlich konstant waren, so wäre die Expansion vor 1.6 Milliarden Jahren von einem Punkt aus gestartet. Dieser Zeitraum stimmt bemerkenswert überein mit dem Wert, den man für das Alter der festen Erdkruste und von Meteoriten gefunden hat, so daß man ihn als kennzeichnend für die Dauer der kosmischen Entwicklung ansehen kann.

Die Strahlung im Weltall. Die im Innern der Sterne durch Kernreaktionen erzeugte und von den Sternoberflächen ausgestrahlte Energie liegt hauptsächlich im Wellenlängengebiet zwischen 10^{-5} und 10^{-4} cm. Ihre Energiedichte im intergalaktischen Raum ist von der Größenordnung 10^{-14} erg/cm³ oder nach dem Gesetz der Aequivalenz von Masse und Energie in Masse umgerechnet 10^{-35} g/cm³, also sehr klein gegenüber der materiellen Energiedichte.

Neben der Sternstrahlung fällt aus dem Weltall noch eine äußerste energiereiche Strahlung ein, die wir als *kosmische Strahlung* bezeichnen. Als Empfänger für diese Strahlung dient die Erdatmosphäre, in der sie Kernreaktionen auslöst, deren Wirkungen meßbar sind. Die Primärstrahlung, die bisher nicht direkt erfaßt werden konnte, besteht vermutlich aus Protonen höchster Geschwindigkeit, wie aus ihrer Beeinflussung durch das Magnetfeld der Erde folgt. Ihre Energie liegt in dem Bereich von 10^8 bis über 10^{14} Elektronenvolt, wobei die Häufigkeit etwa wie die umgekehrte dritte Potenz der Energie abfällt. Die räumliche Energiedichte wird auf 10^{-32} g/cm³ geschätzt, sie ist also bedeutend größer als die der Wellenstrahlung. Da die in Energie umgerechnete Masse eines Protons nur 10^9 eV beträgt, kann die kosmische Strahlung nicht durch Kernprozesse entstanden sein, bei denen immer nur ein Bruchteil der Protonenmasse frei wird. Die Strahlung zeigt keine bevorzugte Einfallsrichtung und im allgemeinen nur geringfügige zeitliche Schwankungen. Gelegentliche kurzzeitig auftretende größere Zunahmen der Intensität lassen eine Herkunft der Störung von der Sonne möglich erscheinen. Im übrigen ist der Ursprung der kosmischen Strahlung noch völlig ungeklärt. Die verschiedenartigsten Hypothesen sind zu ihrer Deutung gemacht worden, z. B. Entstehung bei einem Supernovaausbruch oder Erzeugung großer Beschleunigungen von Protonen durch variable Magnetfelder wie bei einer Elektronenschleuder, sogar die Ablehnung eines kosmischen Ursprungs überhaupt wurde diskutiert. Bei der physikalischen Erforschung des Weltalls bildet die kosmische Strahlung einstweilen eines der größten Rätsel.

Kosmische und atomare Konstanten. Bei der Betrachtung der Vorgänge im Kosmos sind 3 fundamentale Naturkonstanten aufgetreten, die Lichtgeschwindigkeit $c = 3 \cdot 10^{10}$ cm/sec⁻¹, die Gravitationskonstante $G = 6.7 \cdot 10^{-8}$ cm³g⁻¹ sec⁻² und die Expansionskonstante $\alpha = 1.9 \cdot 10^{-17}$ sec⁻¹. Aus diesen 3 Größen lassen sich durch geeignete Kombination andere Konstanten herleiten, die die Dimensionen Länge, Masse und Zeit haben und daher als naturgegebene Einheiten für ein kosmisches Maßsystem anzusehen sind. Im CGS-System haben diese neuen Einheiten folgende Werte

$$R_0 = c/\alpha = 1.6 \cdot 10^{27} \text{ cm}$$
$$M_0 = c^3/\alpha G = 2.2 \cdot 10^{55} \text{ g}$$
$$A_0 = 1/\alpha = 0.5 \cdot 10^{17} \text{ sec.}$$

Diese kosmischen Einheiten stimmen, was keineswegs vorauszusehen war, der Größenordnung nach mit Radius, Gesamtmasse und Alter des Weltalls überein.

Der Versuch, aus den atomaren Naturkonstanten wie Plancksches Wirkungsquantum h, elektrische Elementarladung e usw. in ähnlicher Weise natürliche Einheiten herzuleiten, stößt auf die Schwierigkeit, daß es Elementarteilchen verschiedener Masse gibt (Elektron, Meson, Proton) und daß zwischen h, e und der Lichtgeschwindigkeit c eine dimensionsmäßige Verknüpfung besteht, die die (dimensionslose) Sommerfeldsche Feinstrukturkonstante festlegt: $\frac{2\pi e^2}{c\,h}=1/137$. Als zwanglosesten Satz von natürlichen atomaren Einheiten darf man wohl ansehen den Elektronenradius l, die Protonenmasse m_p und die durch Division von l durch die Lichtgeschwindigkeit gebildete Elementarzeit τ.

Die Zahlenwerte sind

$$l \; = \; 2.8 \; \cdot 10^{-13} \; \text{cm}$$
$$m_p \; = \; 1.67 \; \cdot 10^{-24} \; \text{g}$$
$$\tau \; = \; 0.94 \; \cdot 10^{-23} \; \text{sec.}$$

Bildet man die Verhältnisse zwischen den kosmischen und atomaren Einheiten, so wird

$$R_0/l \; = \; A_0/\tau \; = \; 5.7 \cdot 10^{39}$$
$$M_0/m_p \; = \; 1.3 \cdot 10^{79}.$$

Setzen wir $R_0/l = \gamma$, so wird M_0/m_p, das die Gesamtzahl der Protonen bzw. Neutronen im Weltall (wenn wir darunter den zugänglichen Teil verstehen wollen, dessen Grenze durch die Annäherung der Expansionsgeschwindigkeit an die Lichtgeschwindigkeit gegeben ist) angibt, bis auf einen Zahlenfaktor 0.4 gleich dem Quadrat von γ. Es ist ferner bemerkenswert, daß die große dimensionslose Zahl γ sehr nahe übereinstimmt mit dem Verhältnis der elektrostatischen zur Gravitationsanziehung von Proton zu Elektron.

Durch γ wird also das Verhältnis der kosmischen zu den atomaren Einheiten festgelegt. Will man darin mehr als eine bloße Zahlenmystik sehen, so muß man zu dem Schluß kommen, daß es nur 3 unabhängige physikalische Konstanten von den Dimensionen Länge, Masse und Zeit gibt, die das ganze Naturgeschehen bestimmen und aus denen sich unter Hinzunahme dimensionsloser Zahlen wie 2π, $1/137$, γ oder dgl. alle weiteren kosmischen und atomaren Konstanten ableiten lassen.

Die außerordentliche Größe des Zahlenwertes von γ fordert eine besondere physikalische Deutung heraus, da man sie kaum als eine reine Zufälligkeit ansehen kann. *Eddington* hat versucht, auf Grund einer spekulativen wellenmechanischen Überlegung zu einem Verständnis zu kommen, doch hat sich seine Auffassung nicht durchsetzen können.. Im Vordergrund des Interesses steht gegenwärtig die auf *Dirac* zurückgehende Idee, γ als Funktion des Weltalters aufzufassen, z. B. γ der Zeit proportional wachsend anzunehmen, so daß in der Beziehung $A_0 = \gamma\tau$ der Faktor γ angibt, wieviel Elementarzeiten τ seit Beginn des Weltablaufs verstrichen sind. Diese neuerdings von *P. Jordan* genauer diskutierte Vorstellung führt zu der Konsequenz, daß die Gravitationskonstante G wie $1/\gamma$ mit der Zeit abnehmen und die Weltmasse M_0 wie γ^2 zunehmen muß, wobei laufend Materie neu entsteht.

Weltmodelle. Die Fragen nach der Struktur und der Entwicklung des Weltganzen führen weit über die gegenwärtigen Erfahrungen und wohl auch grundsätzlich über den Bereich des rein empirisch feststellbaren hinaus. Um diese letzten physikalisch erfaßbaren Zusammenhänge im Weltall behandeln zu können, muß man notwendig zu Hypothesen greifen. Die dabei sich ergebenden Weltmodelle werden aber nicht mit der Wirklichkeit übereinstimmen, sondern im allgemeinen nur logische Denkmöglichkeiten darstellen. Es ist daher nicht verwunderlich, daß die von den verschiedenen Autoren, z. B. *Eddington*, *Milne* und *Jordan* diskutierten Modelle völlig verschieden sind.

Relativ am einfachsten lassen sich die kinematischen Verhältnisse im Weltall übersehen, auf die wir uns hier unter Außerachtlassung der besonders schwierigen Fragen nach der Entstehung und Entwicklung der Sterne und Sternsysteme beschränken wollen. Wir vereinfachen uns das komplizierte Erscheinungsbild des Weltalls dahin, daß wir die Sternsysteme als gleichmäßig im Raum verteilte leuchtende Massenteilchen auffassen, deren Gleichgewichts- bzw. Bewegungszustände zu untersuchen sind. Bei Annahme der Gültigkeit des Newtonschen Anziehungsgesetzes für beliebig große Abstände entstehen Schwierigkeiten infolge des Auftretens unendlich großer Anziehungskräfte, außerdem würde bei Abnahme der Helligkeit mit dem Quadrat der Entfernung der Himmel unendlich hell erscheinen. Ein statisches Gleichgewicht ist, wie Überlegungen von *Lambert* und *Charlier* gezeigt haben, nur möglich bei einem hierarchischen Aufbau der Welt. Dabei bilden n_1 Elemente ein System 1. Ordnung, n_2 Systeme 1. Ordnung ein System 2. Ordnung und so fort, wobei die Mitgliederzahlen und die gegenseitigen Abstände in den Systemen der verschiedenen Ordnungen so gewählt werden können, daß die auftretenden Gravitationskräfte und

die Helligkeit des Himmels endlich bleiben. Die mittlere Dichte dieser
hierarchischen Welt wird um so kleiner, über je größere Räume man mittelt,
und geht für den ganzen unendlichen Raum gegen Null, trotzdem die
Gesamtmasse unendlich ist. Dieses Weltmodell ist also „fast leer". Eine
endliche mittlere Dichte ist in einem statischen Universum nur möglich,
wenn für große Entfernungen die Anziehungskraft und die Lichtintensität
rascher abfallen als mit dem Quadrat des Abstandes. Eine solche Modifi-
kation des Gravitationsgesetzes war auch in der Kosmologie der allgemeinen Relativitätstheorie nötig; sie führte zu dem *Einstein*'schen Universum
mit dem gleichmäßig von Materie erfüllten endlichen und doch unbegrenz-
ten gekrümmten Raum, dessen Krümmungsradius durch die darin ent-
haltene Gesamtmasse bestimmt ist.

Um die möglichen nichtstatischen Lösungen, bei denen also beliebige
Strömungen auftreten können, einzuschränken, führt man ein besonderes
Postulat ein, das bei dem beobachteten Bewegungszustand im Reich der
Spiralnebel tatsächlich verwirklicht ist. Dieses „Weltpostulat" fordert, daß
jeder Beobachter auf einem der angenommenen Elemente die gleiche Dichte
und den gleichen Bewegungszustand in seiner Umgebung finden soll wie
ein beliebiger anderer Beobachter. Dagegen sind zeitliche Änderungen der
Dichte und des Bewegungszustandes möglich. Das Weltpostulat führt zu
Lösungen mit monotonen radialen Expansionen und Kontraktionen oder
mit anfänglicher Expansion und Übergang zu Kontraktion sowie umgekehrt. Bei Annahme Newtonscher Mechanik im Euklidischen Raum erhält
man Lösungen, die denen der allgemeinen Relativitätstheorie formal völlig
gleichen. Der Vorzug der Relativitätstheorie besteht nur darin, daß die
Lichtausbreitung im expandierenden Raum konsequenter behandelt werden
kann als im Euklid-Newton'schen Modell, wo besondere Zusatzhypothesen
erforderlich sind. Das oben erwähnte statische Einsteinsche Universum er-
weist sich als instabil und muß entweder in Expansion oder Kontraktion
übergehen. Eine Auswahl unter den verschiedenen Lösungskurven, die sich
für den Weltradius bei sphärischer Welt bzw. für die gegenseitigen Abstände der Nebel im Euklid-Newtonschen Modell ergeben, und eine Fest-
legung des Vorzeichens oder Betrages der Raumkrümmung aus den Beobachtungen sind vorläufig nicht möglich, so daß die verschiedenen Lösungen gleichberechtigt nebeneinander stehen. Erst eine Erweiterung des Beobachtungsmaterials über die Rotverschiebungen und Nebelhelligkeiten
zu wesentlich schwächeren Objekten hin, wie sie von dem neuen 5-m-Spiegel

auf Mt.Palomar zu erwarten ist, wird hier vielleicht eine Entscheidung bringen.

Im vorstehenden wurde versucht, in skizzenhafter Form eine Übersicht über die wichtigsten Aufgaben, Methoden und Ergebnisse der astrophysikalischen Forschung zu geben. Wenn auch viele Gebiete nur kurz gestreift sind und manche gar nicht erwähnt werden konnten, dürfte doch klar hervorgetreten sein, daß die Astrophysik über ein äußerst reichhaltiges Arbeitsgebiet verfügt. Ein besonderer Reiz der vielseitigen Fragestellungen in der Astrophysik liegt darin, daß es sich immer um Probleme der reinen Naturerkenntnis handelt, deren Lösung uns dem Verständnis des Naturgeschehens in einem einheitlichen Weltbild näher bringt, ohne wie fast alle Zweige der Laboratoriumsphysik belastet zu sein durch das Streben nach Naturbeherrschung durch die technischen Anwendungen.

Es muß allerdings zugegeben werden, daß wir von einem einheitlichen Weltbild heute weiter entfernt sind als etwa zur Zeit Keplers und Newtons, trotzdem wir viel mehr Einzeltatsachen kennen und einen weit größeren Raum durchmessen haben. Das rasche Anwachsen des Beobachtungsmaterials und seiner theoretischen Darstellung hat in den letzten Jahrzehnten mehr und mehr zu einem Zerfall der Himmelskunde in zahlreiche Einzelprobleme geführt, und der einzelne Forscher vermag das Gebiet in seiner Gesamtheit kaum noch völlig zu überblicken. Dies ist eine Erscheinung, die wir in allen naturwissenschaftlichen Disziplinen finden und die letzten Endes für unser ganzes kulturelles und soziales Leben charakteristisch geworden ist. Darum finden auch alle großzügigen Konzeptionen von Aufbau und Entwicklung des Weltganzen besonderes Interesse, selbst wenn sie nur schwach fundiert sind.

Nach dem Vorbild der Newtonschen Himmelsmechanik hat sich die exakte Naturforschung fast durchweg darauf beschränkt, eine zweckmäßige Beschreibung der mit den Sinnesorganen und Meßinstrumenten erfaßbaren Naturvorgänge in der Sprache der Mathematik zu geben. Damit lassen sich die Erscheinungen zwar weitgehend beherrschen, aber nicht restlos verstehen. Die Himmelsmechanik erlaubt den Ort eines Planeten für sehr große Zeiträume in der Vergangenheit und Zukunft mit beliebiger Genauigkeit zu berechnen, doch verzichtet Newton ausdrücklich darauf, etwas über das Wesen der Gravitation auszusagen, und auch die Frage nach den Anfangszuständen, also z. B. nach der Ursache der Abstände der Planeten von der Sonne bleibt unbeantwortet. Trotz der unbestrittenen Erfolge der

Methode, sich mit der Beschreibung des Beobachtbaren zu begnügen, ist
aber der Gedanke, in den Naturvorgängen noch nach anderen Ordnungs-
prinzipien oder nach einem zweckbestimmten Verlauf zu suchen, niemals
ganz verschwunden. Bei der Erforschung des Weltalls, wo mit dem Wachsen
der Entfernungen die Beobachtungsmöglichkeiten infolge perspektivischer
Effekte immer schlechter werden, und wo die Entwicklungsvorgänge so
langsam ablaufen, daß sie sich der Wahrnehmung fast völlig entziehen, ist
es unbedingt erforderlich, zu Vorstellungen zu greifen, die über die Darstellung des sinnlich Wahrnehmbaren hinausgehen. Das oben erwähnte
„Weltpostulat", nach dem jeder Beobachter das gleiche kinematische Bild
des Weltalls sehen soll, ist ein Beispiel eines solchen Ordnungsprinzips.
Hier berührt sich unsere Auffassung mit den Gedanken, die *Max Planck*
in verschiedenen Aufsätzen dargelegt hat. Die Anwendung derartiger Vorstellungen hat zur Voraussetzung, daß hinter der Welt der Erscheinungen
eine andere reale Welt existiert, die nicht unmittelbar zugänglich ist, aber
sich nach bestimmten Gesetzen aufbaut und entwickelt. Unsere Beobachtungen beziehen sich nur auf einen gewissen Ausschnitt des Naturgeschehens
mit verschwimmenden Grenzen, und eine bloße Beschreibung dieses Aus-
schnitts läßt allzuviele Fragen offen. Die Überzeugung von der Existenz
der realen Außenwelt gibt mit jedem Fortschritt der Forschung den An-
trieb, sich an das Wesen dieser objektiven Natur näher heranzuarbeiten,
trotzdem wir bestenfalls eine neue Annäherung, ein neues Modell erreichen
können. Das auf diese Weise gebildete wissenschaftliche Weltbild steht
damit zwischen der Welt der beobachtbaren Zustände und Vorgänge und
der Wirklichkeit, die in ihrer Unabhängigkeit von der menschlichen Intelli-
genz göttlicher Natur ist.

An neueren Büchern, die ein tieferes Eindringen in die in unserer Schrift angedeuteten Problemkreise vermitteln können, seien erwähnt:

W. Becker, Sterne und Sternsysteme. Dresden und Leipzig, Th. Steinkopff 1942.

P. Jordan, Die Herkunft der Sterne. Stuttgart, Wissenschaftl. Verlagsgesellschaft m.b.H. 1947.

Newcomb-Engelmann, Populäre Astronomie. Leipzig, J. A. Barth. 8. Auflage 1948.

H. Siedentopf, Einführung in die Astrophysik. Stuttgart, Wissensch. Verlagsgesellschaft m.b.H., im Erscheinen.

M. Waldmeier, Ergebnisse und Probleme der Sonnenforschung. Leipzig, Akad. Verl. Ges. 1941.

ERKENNTNIS UND BEKENNTNIS

Schriften zur geistigen Situation der Gegenwart

Die Ergebnisse der wissenschaftlichen Forschung haben den Bestand und die Entwicklung der Welt entsprechend verändert, ohne aber in ihrem wesentlichen Gehalt über den Kreis der Fachwissenschaftler hinaus Allgemeingut der geistig interessierten Kreise zu werden. So entstand die Kluft zwischen jenen Wissenschaftlern, die um die Erkenntnis bemüht waren, und jenen, die sich zum Bekenntnis verpflichtet fühlen. Die neue Schriftenreihe will die Brücke schlagen, die für den geistigen Neuaufbau notwendiger als jemals geworden ist. Namhafte Männer aus den verschiedenen Gebieten der Wissenschaft haben bereits Beiträge zur Verfügung gestellt, die sich nicht nur an den engen Kreis der Fachleute, sondern an alle geistig interessierten Leser wenden.

GLEICHZEITIG SIND ERSCHIENEN:

Prof. Dr. Max Wundt, Tübingen

HEGELS LOGIK UND DIE MODERNE PHYSIK

Prof. Dr. Heinrich Weinstock, Frankfurt / Main

REALER HUMANISMUS
DIE WIEDERKEHR DES TRAGISCHEN
PLATON UND MARX

WESTDEUTSCHER VERLAG · KÖLN UND OPLADEN

GPSR Compliance
The European Union's (EU) General Product Safety Regulation (GPSR) is a set
of rules that requires consumer products to be safe and our obligations to
ensure this.

If you have any concerns about our products, you can contact us on

ProductSafety@springernature.com

In case Publisher is established outside the EU, the EU authorized
representative is:

Springer Nature Customer Service Center GmbH
Europaplatz 3
69115 Heidelberg, Germany